冷菜热炒

张奔腾◎编著

U0199734

吉林科学技术出版社

作者简介

张奔腾　中国烹饪大师,中国饭店协会名厨委常务副主席,饭店与餐饮业国家一级评委,中国餐饮业十大优秀职业经理人,中国首批烹饪艺术家,饭店与餐饮业经营管理大师,东北名厨联盟主席,辽宁省职业技能鉴定专家委员会委员,辽宁省饭店餐饮协会名厨委主席,辽宁省饭店与餐饮业职业导师,现任沈阳子今厨商餐饮管理服务有限公司董事长。

编委会（排名不分先后）

张奔腾	杨景辉	季之阁	闫国胜	汤顺国	张海涛	姚克强
毕思伍	满国亮	葛兆红	刘绍良	孙 超	朱广会	梁宝权
张立国	路志刚	魏显会	李光明	周玉林	李玉芹	林国财
刘 峰	何春生	孙跃晨	鞠英来	闫振东	朱红军	陈兆友
闫大恒	张东滨	田宝禄	芮振波	孙 鹏	关 磊	林建国
杨丹丹	刘春辉	蔡文谦	蒋征原	王洪远	高 玮	董一增
黄 蓓	赵 军	邵志宝				

特别鸣谢

广东超霸世家食品有限公司

DIET SCIENCE
饮食科学

美味对对碰

目录

第一章

冷菜

1/2小匙≈2.5克

1小匙≈5克

1大匙≈15克

第二章
热炒

70 香辣土豆丁

71 土豆小番茄

72 树椒土豆丝

73 干煸土豆片

74 蒜薹小炒肉

75 青椒炒肉粒

76 干锅有机菜花

78 咖喱菜花

79 豆酱甘蓝

80 西芹腰果

81 芦笋炒香干

82 红三剁

83 蚌肉炒丝瓜

84 渍菜粉

85 银杏炒蜜豆

86 南瓜炒百合

87 蚝油杏鲍菇

88 香辣萝卜条

89 小炒黄花菜

90 炒鸡腿菇

91 黄瓜肉碎猴菇

92 滑熘肉片

94 金针木须肉

95 鱼香小滑肉

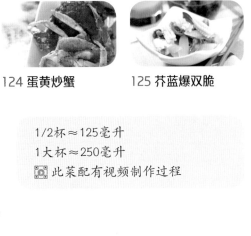

1/2杯≈125毫升

1大杯≈250毫升

此菜配有视频制作过程

第一章

冷菜

三丝黄瓜卷

难度 中级　时间 90分钟　口味 鲜咸味

材料

黄瓜400克，胡萝卜丝、冬笋丝、熟猪瘦肉丝各75克

精盐1小匙，白糖2小匙，白醋1大匙，清汤、香油各适量

做法

1 黄瓜洗净，片成大片，放入容器内，加入少许精盐、白糖、白醋拌匀，腌渍30分钟，取出，沥水；胡萝卜丝、冬笋丝放入沸水锅内焯烫至断生，捞出、沥水。

2 把黄瓜大片放在案板上，放上胡萝卜丝、冬笋丝和熟猪瘦肉丝，卷起成三丝黄瓜卷。

3 清汤、精盐、白糖、白醋和香油放入容器中拌匀成腌泡汁，放入三丝黄瓜卷腌泡至入味即可。

葱香莴笋叶

难度 初级　｜　时间 45分钟　｜　口味 葱香味

材料

莴笋叶400克，大葱50克，红辣椒20克

精盐2小匙，味精、白糖各1/2小匙，植物油1小匙

做法

1　大葱洗净，取葱白部分，切成细丝；红辣椒洗净，去蒂、去籽，切成细丝；莴笋叶清洗干净。

2　锅中加入清水、精盐、植物油烧沸，下入莴笋叶焯烫2分钟，捞出、过凉，沥净水分，切成段。

3　精盐、红辣椒丝、味精、白糖和少许清水放入容器内，拌匀成味汁，加上葱白丝和莴笋叶拌匀，腌泡30分钟至入味，食用时取出，装盘上桌即可。

生拌萝卜皮

难度 初级　时间 20分钟　口味 鲜咸味

材料

红心萝卜皮300克，芝麻少许

精盐1小匙，味精1/2小匙，甜面酱、海鲜酱油、白醋、白糖、花椒油各适量

做法

1　将红心萝卜皮洗净，沥净水分，刮净表皮，切成2厘米大小的多边形小块；芝麻放入烧热的净锅内煸炒至熟香，出锅、凉凉。

2　将红心萝卜皮块放入小盆中，加入精盐、甜面酱、味精、海鲜酱油、白醋和白糖拌匀。

3　净锅置火上，加入花椒油烧至八成热，出锅，淋在红心萝卜皮块上，撒上熟芝麻拌匀，装盘上桌即可。

菠菜干豆腐

准度 初级　　时间 15分钟　　口味 椒香味

材料

菠菜250克,干豆腐150克

干红辣椒、葱丝各15克,花椒5克,精盐、白糖、米醋各2小匙,植物油1大匙

做法

1　菠菜择洗干净,下入沸水锅中焯烫一下,捞出、过凉,沥水,切成段;干豆腐切成小条;干红辣椒切成段。

2　将菠菜段放入盘中,加入干豆腐条、葱丝、米醋、白糖和精盐调拌均匀。

3　净锅置火上,加入植物油烧热,下入花椒,用小火炸出椒香味,捞出花椒不用,放入干红辣椒段炒至酥脆,出锅,浇淋在菠菜段、干豆腐条上即可。

松仁油菜

难度　初级　　时间　15分钟　　口味　鲜咸味

材料

油菜300克，松子仁50克，红尖椒丝15克

精盐1小匙，味精少许，白糖、米醋、香油、植物油各适量

做法

1　油菜去掉菜根，洗净，切成小段，放入加有少许精盐的沸水锅中焯烫一下，捞出、过凉，沥干水分。

2　锅中加入植物油烧热，下入松子仁，用小火煸炒出香味，出锅，凉凉。

3　将焯烫好的油菜段放入干净的容器内，加入红尖椒丝、米醋、味精、白糖、精盐拌匀至入味，撒入炒香的松子仁，淋入香油拌匀，装盘上桌即可。

草菇丝瓜

难度 中级 | 时间 20分钟 | 口味 鲜咸味

材料

丝瓜500克，鲜草菇100克

葱段10克，精盐、香油各1小匙，味精、胡椒粉各少许，料酒、鸡汤、植物油各适量

做法

1. 鲜草菇去掉菌蒂，用清水洗净，放入大碗中，加入少许精盐、鸡汤和料酒，上屉，用旺火蒸约10分钟，取出草菇，切成小块。

2. 丝瓜去皮、去瓤，洗净，切成小块，放入清水锅中，加入植物油、葱段焯烫至熟，捞出、沥水。

3. 将草菇块、丝瓜块放入容器内，加入精盐、味精、胡椒粉拌匀，码放在盘中，淋入香油即可。

生拌麦菜卷

难度 中级 | 时间 20分钟 | 国味 酱香味

材料

油麦菜300克，胡萝卜100克

精盐1小匙，芝麻酱、酱油各1大匙，白糖2小匙，生抽4小匙，香油1/2大匙

做法

1 把油麦菜去掉菜根，清洗干净，沥净水分，切成两段（图1）；胡萝卜去皮，用刮皮刀刮成长条片（图2），放在容器内，加上精盐（图3），腌渍10分钟。

2 取一条胡萝卜片，摆上少许油麦菜段（图4），卷起成麦菜卷，码放在盘内（图5）。

3 芝麻酱放在碗内（图6），加上少许清水、精盐、酱油、生抽、白糖和香油拌匀成酱汁（图7），淋在麦菜卷上即可。

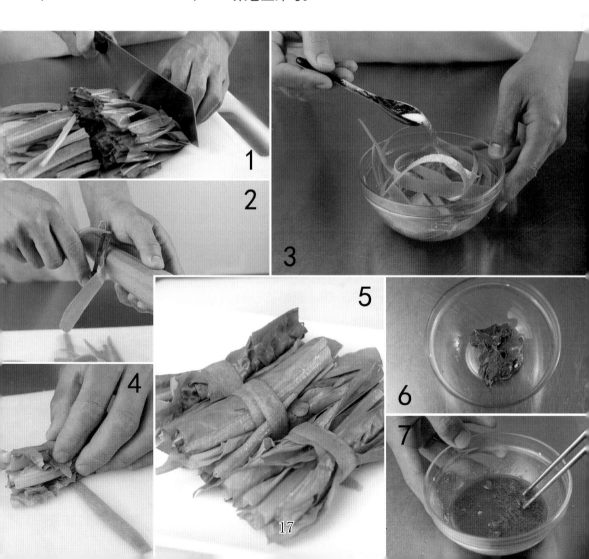

17

干贝西蓝花

 难度　中级　 时间　45分钟　 口味　鲜咸味

材料

西蓝花400克，干贝50克

姜片、葱段各5克，精盐、味精各1/2小匙，料酒、香油各1小匙

做法

1　西蓝花掰成小朵，用清水洗净，放入沸水锅中焯烫至熟，捞入冷水中漂凉，沥去水分。

2　干贝浸泡并洗净，放在大碗内，加入姜片、葱段、料酒和少许清水，放入蒸锅内，用旺火蒸30分钟，取出，凉凉。

3　西蓝花放入容器内，加入精盐、味精和香油，撒上干贝，淋入少许蒸干贝的原汁拌匀，装盘上桌即可。

银丝菠菜

难度 初级　时间 20分钟　口味 鲜辣味

材料

菠菜400克，粉丝25克，红辣椒丝10克

精盐、米醋各2小匙，味精、白糖各少许，芥末、辣椒油、香油各1小匙

做法

1 把芥末放入小碗中，加入少许温水调匀成芥末糊；粉丝剪成段，用温水浸泡5分钟，捞出、沥水。

2 锅中加入清水、精盐烧沸，下入粉丝段焯烫1分钟，捞出、过凉，沥净水分，放入容器内，加入香油拌匀。

3 菠菜洗净，放入沸水锅中焯烫至熟，捞出、过凉，切成段，放入盛有粉丝的容器内，加入红辣椒丝、精盐、味精、白糖、米醋、辣椒油和芥末糊拌匀即可。

烤拌甜椒

难度 初级　　时间 15分钟　　口味 酸甜味

材料

甜椒	400克
精盐	1小匙
味精	1/2小匙
酱油	2小匙
白糖、米醋	各1大匙
香油	少许

做法

1 将甜椒去蒂、去籽，用清水漂洗干净，沥净水分，用竹扦穿好，置于无烟的炭火上烤至熟嫩。

2 取下甜椒，用凉开水洗净，摁干水分，切成小条，盛入大盘内。

3 精盐、白糖、米醋、酱油、味精和香油放入小碗内调匀成味汁，淋在甜椒条上，食用时调拌均匀即可。

芦笋兔肉丝

难度 中级　时间 40分钟　口味 鲜咸味

材料

芦笋200克，净兔肉150克，红椒丝25克

精盐少许，味精、白糖各2小匙，花椒油1小匙，植物油1大匙

做法

1 芦笋去根，洗净，切成细丝；净兔肉放入清水锅内烧沸，转小火煮20分钟至熟，捞出、沥水，用小木棒轻轻捶打至松软，撕成兔肉丝。

2 锅内加入清水、精盐和植物油，下入芦笋丝、红椒丝焯烫一下，捞出、沥水。

3 熟兔肉丝、芦笋丝、红椒丝放在容器内，加入精盐、味精、白糖和花椒油搅拌均匀，装盘上桌即可。

椒香荷兰豆

难度 初级　时间 15分钟　口味 椒香味

材料

荷兰豆	350克
花椒	5克
精盐	1小匙
味精	少许
白糖	1/2小匙
香油	2小匙

做法

1 将荷兰豆择去两头尖角，洗净，沥水，切成菱形小块，放入沸水锅内，加上少许精盐焯烫至熟透，捞出、沥水，放入大碗中。

2 锅置火上，加入香油烧热，下入花椒，用小火煸炒至花椒颜色变黑，捞出花椒不用。

3 将热花椒油浇在盛有荷兰豆的大碗中，加入精盐、味精、白糖拌匀，装盘上桌即可。

相思苦苣

难度 中级　时间 20分钟　口味 鲜咸味

材料

苦苣200克，猪里脊肉100克，红椒10克

精盐2小匙，味精、芥末油各1/2小匙，料酒、酱油各1大匙，植物油2大匙

做法

1　苦苣去除老根及烂叶，用清水洗净，沥水，切成小段；猪里脊肉洗净，切成细丝；红椒去蒂、去籽，洗净，切成细丝。

2　锅置火上，加入植物油烧热，放入猪肉丝炒至变色，烹入料酒，加入酱油和精盐煸炒至熟，盛出。

3　苦苣段和熟猪肉丝放在容器内拌匀，加入红椒丝、少许精盐、味精、芥末油调匀，装盘上桌即可。

爽口木瓜丝

难度 初级　时间 25分钟　口味 鲜辣味

材料

青木瓜	1个
红椒	25克
熟芝麻	10克
精盐	2小匙
白醋	1大匙
辣椒油	少许

做法

1 红椒去蒂及籽，用清水洗净，捞出、沥净水分，切成细丝；青木瓜洗净，削去外皮，去掉青木瓜的瓜瓤，用清水洗净，切成细丝。

2 把青木瓜丝放入容器内，加入精盐拌匀，腌渍10分钟，捞出，用凉开水冲净，沥净水分。

3 将青木瓜丝放入容器内，加入红椒丝、辣椒油、白醋，撒上熟芝麻拌匀，装盘上桌即可。

山药火龙果

难度 初级　时间 60分钟　口味 香甜味

材料

火龙果	1个
山药	150克
青椒	100克
精盐	1/2小匙
白糖	2大匙
芝麻酱	1大匙

做法

1　将山药削去外皮，洗净，切成丝，放入沸水锅中焯烫一下，捞出、沥水。

2　火龙果剥去外皮，取净果肉，切成小块；青椒去蒂、去籽，洗净，切成细丝。

3　芝麻酱放入容器内，加入少许清水调匀，放入白糖、精盐、山药丝、火龙果块、青椒丝拌匀，放入冰箱中冷藏，食用时取出，装盘上桌即可。

肉丝拌椒丝

难度 初级　时间 25分钟　口味 鲜咸味

材料

猪里脊肉250克，青椒150克，红椒25克

蒜末10克，精盐1/2大匙，味精、米醋、白糖、料酒、芝麻酱、香油各1小匙，水淀粉4小匙，芥末糊少许

做法

1　猪里脊肉切成丝，加入料酒、水淀粉拌匀，下入沸水锅中焯烫至熟，捞出、凉凉；青椒、红椒分别去蒂，洗净，放入加有少许精盐的沸水锅中焯烫一下，捞出。

2　把熟猪肉丝、青椒丝和红椒丝放入大盘中，加入蒜末调拌均匀。

3　芥末糊、芝麻酱、香油、米醋、白糖、精盐、味精调匀成味汁，浇在盛有猪肉丝和青红椒丝的盘内即可。

肉丝四季豆

难度 中级　时间 25分钟　口味 鲜咸味

材料

猪里脊肉、四季豆各200克，鸡腿菇75克，红椒25克

精盐2小匙，味精、白糖各1小匙，香油1/2大匙，植物油1大匙

做法

1　四季豆撕去豆筋，洗净，斜切成细条；鸡腿菇洗净，切成小条；猪里脊肉切成细丝；红椒去蒂，切成丝。

2　净锅置火上，放入清水和少许精盐烧沸，下入四季豆条、鸡腿菇和红椒丝焯烫至熟，捞出、沥水。

3　锅中加入植物油烧热，下入猪肉丝炒至熟，出锅，放入容器内，加入四季豆、鸡腿菇和红椒丝稍拌，加入精盐、味精、白糖和香油拌匀，装盘上桌即可。

老汤酱猪尾

难度 中级　时间 90分钟　口味 酱香味

材料

猪尾1000克

香料包1个(八角、茴香、陈皮、草果、香叶、葱段、姜块各少许)，精盐、白糖各1大匙，味精、酱油、糖色、老汤各适量

做法

1　猪尾去净绒毛和杂质，用清水漂洗干净，放入沸水锅中焯烫5分钟，捞出、沥水。

2　净锅置火上烧热，加入老汤、香料包烧沸，加入糖色、酱油、精盐、白糖、味精，用中火烧煮至沸，撇去浮沫，放入猪尾。

3　用小火酱30分钟，关火、浸泡，30分钟后再次开火并把猪尾酱至熟香，捞出、凉凉，切成小段即可。

28

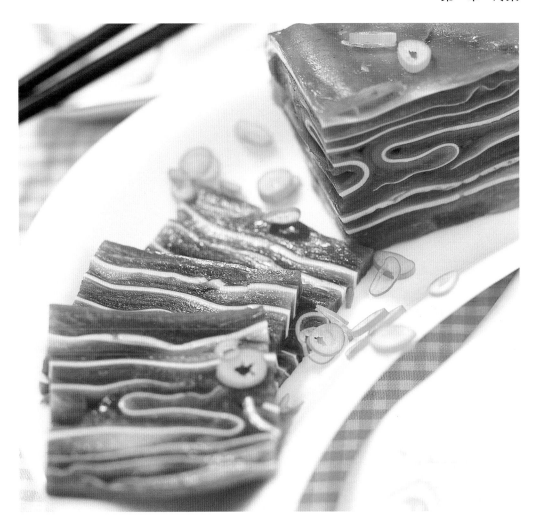

卤味千层耳

难度 高级　　时间 4小时　　口味 鲜咸味

材料

猪耳1000克

葱段、姜片各15克，桂皮20克，八角10克，精盐、味精各1小匙，料酒2大匙，香油少许，卤水适量

做法

1 将猪耳用温水泡洗，刮净皮面，切去耳根，放入清水锅内焯烫10分钟，捞出猪耳，过凉，沥水。

2 净锅置火上，加入卤水、猪耳、葱段、姜片、桂皮、八角、精盐、味精和料酒烧沸，用小火卤1小时至熟。

3 捞出熟猪耳，叠放在方盘内，浇上少许卤汁，上用重物压实，放入冰箱内冷却，食用时取出，刷上香油，切成薄片，装盘上桌即可。

爽口腰花

难度 中级　时间 60分钟　口味 酸甜味

材料

猪腰400克，生菜50克，青椒30克，香菜20克，熟芝麻10克

姜末、蒜末各10克，味精少许，番茄沙司4大匙，蜂蜜、酱油、米醋、香油各适量

做法

1　生菜用清水洗净，沥干水分，切成细丝；香菜择洗干净，切成细末；青椒洗净，切成小粒。

2　番茄沙司、蜂蜜、米醋、酱油、香油、味精放入容器内调匀，加入熟芝麻、蒜末、香菜末、姜末、青椒粒、生菜丝搅拌均匀，制成腌泡料。

3　猪腰去除白色腰臊，内侧剞上花刀，放入沸水锅中煮至熟，捞出，沥水，放入腌泡料中泡30分钟即可。

蒜蓉腰片

难度	时间	口味
中级	75分钟	蒜香味

材料

猪腰400克，黄瓜100克，泰椒圈10克

葱段10克，姜片5克，蒜蓉25克，精盐、料酒、味精、香油各1小匙，鲜汤1大匙

做法

1 猪腰去掉筋膜，对剖成两半，片去腰臊，洗净，片成骨牌片，用精盐、葱段、姜片、料酒拌匀，放入沸水锅中焯烫至断生，捞出、凉凉。

2 将猪腰片整齐地摆入盘中，撒上泰椒圈；黄瓜去皮，洗净，切成骨牌片，放在盘边点缀。

3 精盐、味精、香油、蒜蓉、鲜汤放入碗中调匀成味汁，浇在腰片上，用保鲜膜密封，腌1小时至入味即可。

温拌猪心

难度 初级　时间 25分钟　口味 椒香味

材料

猪心300克,胡萝卜、莴笋各50克

姜末10克,精盐1小匙,白糖、味精各少许,米醋、香油各2小匙,花椒油1大匙

做法

1 猪心从中间对剖成两半,挤去血水,洗净,切成薄片;胡萝卜、莴笋削去外皮,洗净,切成菱形片。

2 锅内放入清水和少许精盐烧沸,下入猪心片焯烫至熟,下入莴笋片、胡萝卜片焯烫一下,捞出、沥水。

3 猪心片、胡萝卜片、莴笋片趁热放入容器内,加入花椒油、姜末拌匀,盖严容器盖闷1分钟,加入精盐、味精、米醋、白糖和香油拌匀,装盘上桌即可。

酱卤猪肝

难度 中级　时间 60分钟　口味 五香味

材料

猪肝750克

葱段、姜片、花椒各
10克，精盐、酱油、
料酒各1大匙，香料包
1个(花椒、八角、丁
香、小茴香、桂皮、陈
皮各少许)

做法

1 把猪肝按叶片切开，反复冲洗干净，放入清水锅中，
加入葱段、姜片、花椒煮约3分钟，捞出、沥水。

2 净锅置火上烧热，加入适量清水，放入精盐、料酒、
酱油和香料包，用旺火煮10分钟成酱味汁。

3 撇去汤汁表面的浮沫，离火，放入猪肝焐至断生(切
开不见血水)，继续放在酱味汁内浸泡至入味，食用
时切成大片，装盘上桌即可。

舌条蒜薹

 难度
中级　⏱ 时间
2小时　🍴 口味
鲜辣味

材料

猪舌1个，蒜薹250克

精盐、味精、花椒粉
各1小匙，生抽、白
糖、葱油、辣椒油、泡
菜盐水各适量

做法

1 猪舌刮净舌苔，放入清水锅内煮至熟，捞出、凉凉，
切成小条；蒜薹用清水洗涤整理干净，放入泡菜盐
水中腌泡10分钟，捞出，切成4厘米长的小段。

2 将蒜薹段、熟猪舌条放入容器内，再加入泡菜盐水
拌匀，腌渍60分钟。

3 加入精盐、味精、花椒粉、白糖、生抽、葱油和辣椒
油调拌均匀，腌渍15分钟，装盘上桌即可。

椒麻猪肝

难度 初级　时间 15分钟　口味 椒麻味

材料

猪肝400克，红辣椒25克

葱段、姜片各15克，八角、花椒各少许，精盐、白醋、白糖、香油、植物油各适量

做法

1　猪肝去掉白色筋膜，洗涤整理干净，切成厚片；红辣椒去蒂、去籽，洗净，切成丝。

2　净锅置火上，加入植物油烧热，放入葱段、姜片炒香，加入精盐、八角、花椒、白醋、白糖及清水烧沸，放入猪肝片焯烫至熟嫩，捞出、沥水，放在容器内。

3　净锅复置火上，加入香油和红辣椒丝煸炒出香辣味，出锅，淋在猪肝片上即可。

水晶南瓜肘

| 难度 高级 | 时间 6小时 | 国味 鲜咸味 |

材料

猪肘1个，南瓜半个

葱段、姜片各10克，香料包1个（花椒、八角、丁香、小茴香、桂皮、陈皮各5克），精盐、料酒各1大匙

做法

1 猪肘刮洗干净，放入冷水锅内（图1），加入葱段、姜片，用旺火焯烫5分钟，捞出；南瓜去皮、去子，切成小块（图2），放入蒸锅内蒸至熟（图3），取出，凉凉。

2 把猪肘放入净锅内，加入清水，放入香料包、精盐和料酒煮沸，撇去浮沫（图4），用中火煮至熟嫩，捞出。

3 熟猪肘剔去骨头（图5），取净肘肉，切成块（图6）；煮猪肘原汤过滤，放入猪肘肉，再放入冰箱中冷藏凝固成水晶肘，切成小块（图7），与南瓜块码盘即可。

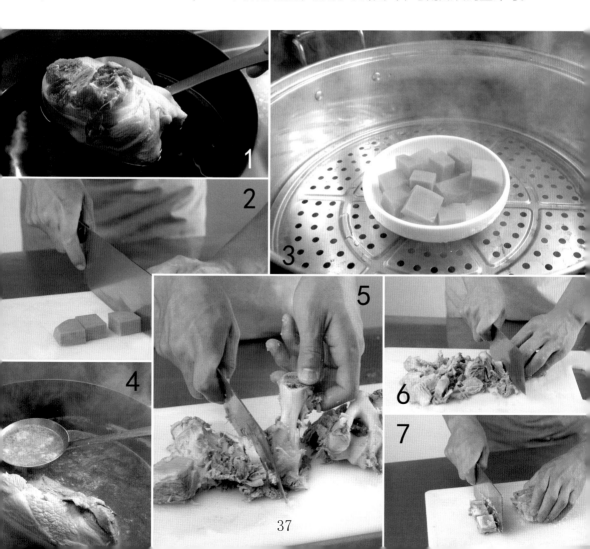

凉拌牛肉

难度 初级　时间 2小时　口味 鲜咸味

材料

牛肉700克, 香葱15克

葱段50克, 姜片30克, 酱油1大匙, 甜面酱2小匙, 生抽、辣椒油各1小匙, 香油1/2小匙

做法

1 香葱择洗干净, 切成香葱花; 将牛肉去除筋膜, 洗净, 切成大块, 放入沸水锅中焯煮一下, 撇去表面的浮沫, 加入葱段、姜片和酱油。

2 小火焖煮2小时至牛肉块熟嫩, 捞出、凉凉, 横着肉纹切成大片, 码放在盘中。

3 生抽、香油、甜面酱、辣椒油放入小碗中调匀成味汁, 浇在牛肉片上, 撒上香葱花即可。

麻辣牛肉

难度 中级　时间 90分钟　口味 麻辣味

材料

牛腿肉500克，酥花生米25克，香葱花15克

葱段、姜片各10克，精盐2小匙，味精、白糖、花椒油各1小匙，辣椒油、料酒各1大匙，卤水适量

做法

1 牛腿肉洗净血污，放入卤水锅内，加入姜片、葱段、料酒烧至沸，撇去浮沫，改用小火卤至熟，捞出、凉凉，切成大片，码放在盘内。

2 酥花生米去皮，碾成碎粒；容器内加入精盐、味精、白糖、花椒油、辣椒油，充分调匀成味汁。

3 把调好的味汁淋在熟牛肉片上，撒上酥花生米碎粒和香葱花，直接上桌即成。

风味牛杂

难度 中级　时间 40分钟　口味 鲜辣味

材料

卤牛心、卤牛舌、卤牛肉、毛肚各75克，芹菜50克，香菜段、熟芝麻各10克

精盐、花椒粉各1小匙，味精、白糖各少许，辣椒油1大匙

做法

1　卤牛心、卤牛舌、卤牛肉均切成薄片；毛肚洗净，放入清水锅中煮至熟，捞出、沥水，切成薄片。

2　芹菜洗净，切成4厘米长的段，放入沸水锅中焯烫一下，捞出、过凉，沥去水分。

3　将牛心片、牛舌片、牛肉片、毛肚片放入容器内，加入精盐、味精、白糖、花椒粉、辣椒油拌匀，放入芹菜段、香菜段和熟芝麻搅拌均匀，装盘上桌即可。

豆豉兔丁

难度 中级　时间 60分钟　口味 豉香味

材料

兔肉500克,泡菜50克,青椒、红椒各25克

精盐、味精、白糖各1/2小匙,酱油1小匙,豆豉2大匙,香油2小匙,植物油3大匙,卤水适量

做法

1　兔肉洗净,放入卤水锅内煮至熟,捞出、凉凉,剁成小块;泡菜择洗干净,切碎;青椒、红椒去蒂、去籽,洗净,切成丁。

2　净锅置火上,加入植物油烧至四成热,下入豆豉和泡菜碎炒出香味,出锅,盛入碗中,加入白糖、味精、酱油,上屉蒸10分钟,取出。

3　兔肉块、青椒丁、红椒丁放入容器内,加入精盐、味精、香油和蒸好的豆豉拌匀,装盘上桌即可。

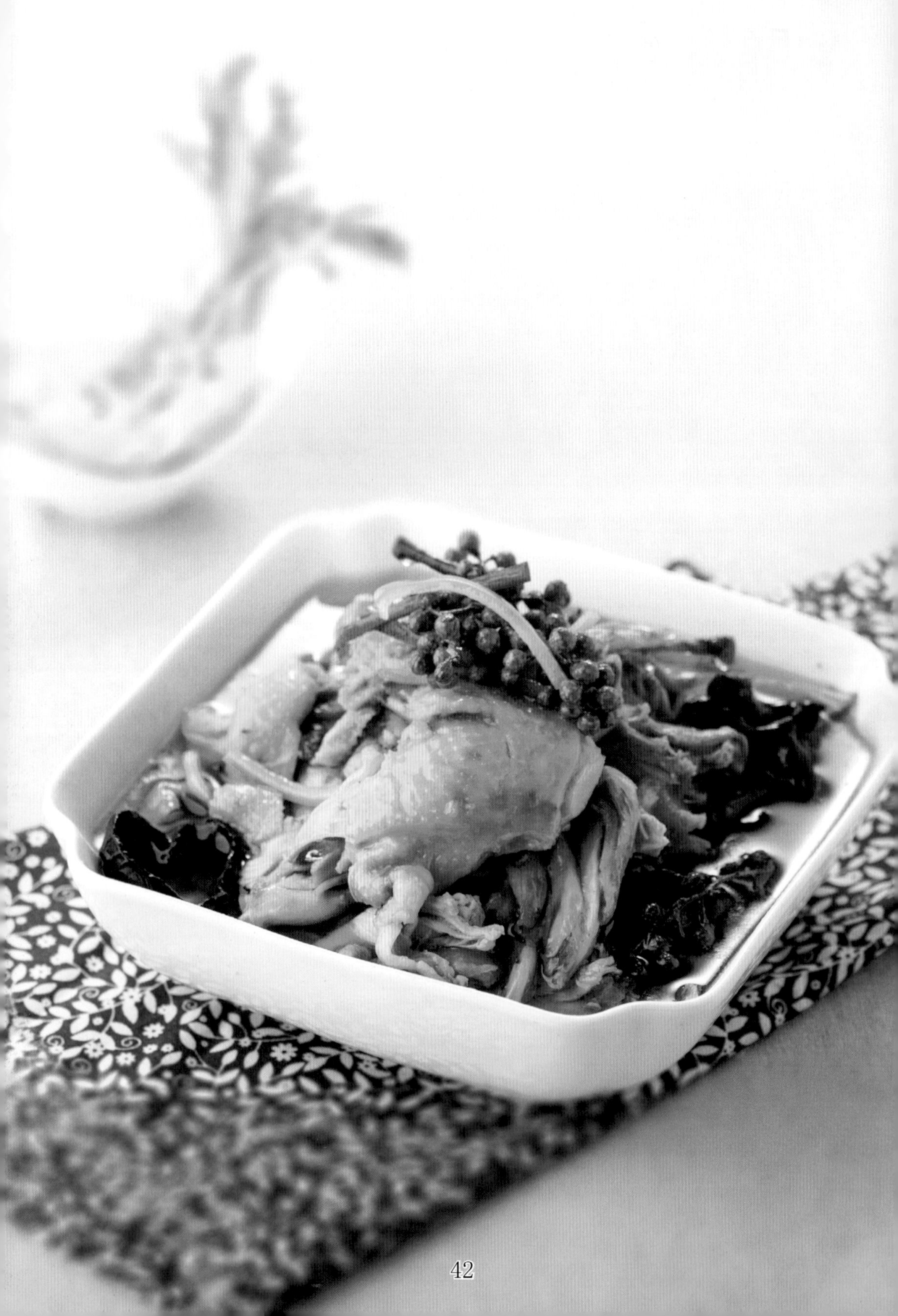

椒麻鸡

难度 中级　时间 60分钟　口味 椒麻味

材料

净三黄鸡1只，莴笋100克，水发木耳、青椒丝、红椒丝各少许

青花椒、蒜片、姜片各10克，香叶少许，干红辣椒、八角各5个，精盐、生抽各2小匙，植物油2大匙

做法

1　莴笋去皮（图1），切成片（图2），放入沸水锅内，加入水发木耳焯烫一下，捞出、沥水（图3）。

2　净三黄鸡放入清水锅内，加入香叶、干红辣椒、八角和精盐（图4），用中火煮至熟，捞出、撕成大块（图5），码放在深盘内。

3　锅内加入植物油烧热，放入青花椒、姜片、蒜片煸香（图6），加入清水、生抽、精盐、木耳、莴笋烧沸成味汁，淋在鸡块上（图7），撒上青椒丝、红椒丝即可。

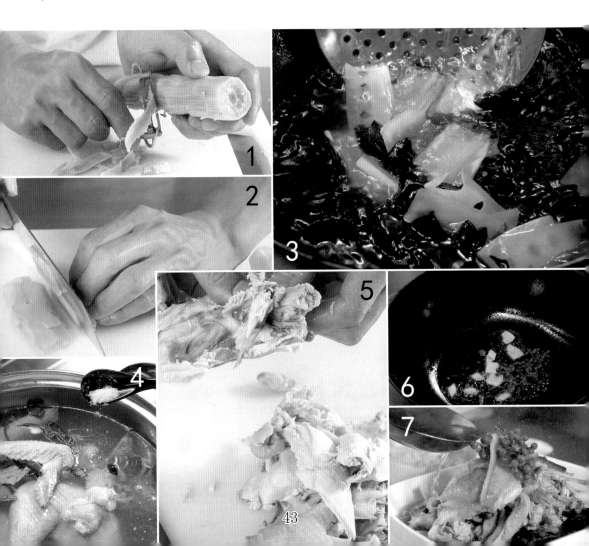

爽口鸡片

难度 中级　时间 24小时　口味 香辣味

材料

仔鸡肉400克，小米椒、野山椒、芹菜段各30克

葱段、姜片各10克，蒜片5克，精盐、料酒各2大匙，味精、香油各1小匙，白醋1大匙

做法

1 仔鸡肉放入清水锅中，加入料酒、姜片、葱段和精盐，用中火煮至鸡肉熟嫩，捞出，用凉开水中漂凉。

2 小米椒、野山椒均切成椒圈，取一半放入容器内，加入姜片、蒜片、芹菜段、精盐、味精和白醋调匀成味汁，放入仔鸡肉，用保鲜膜密封，腌渍24小时。

3 将仔鸡肉切成片，码放在深盘内，淋入由小米椒圈、野山椒圈、味精、香油调匀的味汁，直接上桌即可。

五彩鸡丁

难度 中级　时间 25分钟　口味 麻酱味

材料

熟鸡胸肉300克，豌豆粒、百合各50克，松子仁、枸杞子各25克，五味子少许

香葱末10克，精盐、味精、芝麻酱、香油、鸡汤各适量

做法

1　百合去根，掰取小花瓣，用清水洗净，放入沸水锅中焯烫一下，捞出、沥水；五味子用温水泡软。

2　豌豆粒洗净，放入清水锅内焯烫至熟，取出，沥水，凉凉；芝麻酱放入小碗中，加入鸡汤、精盐、味精、香葱末、香油拌匀成调味汁。

3　熟鸡胸肉切成丁，加入五味子、百合、枸杞子、豌豆粒、松子仁和调味汁拌匀，装盘上桌即可。

麻辣鸡胗

难度 中级　时间 25分钟　口味 麻辣味

材料

鸡胗250克，芹菜、红椒丝各25克

姜片3克，葱丝5克，花椒少许，精盐1小匙，鸡精1/2小匙，辣椒粉、香油各适量

做法

1　鸡胗去除筋膜，洗净，表面剞上花刀；芹菜洗净，切成丝，放入沸水锅内焯烫一下，捞出、过凉，沥水。

2　锅置火上，加入适量清水烧沸，下入花椒、姜片、精盐、鸡精熬煮成味汁，放入鸡胗，用小火煮约10分钟至熟，捞出鸡胗。

3　将鸡胗、芹菜丝、红椒丝、葱丝放入容器内，加入辣椒粉、精盐、鸡精、香油调拌均匀，装盘上桌即可。

卤鸡心花

难度 中级　时间 25分钟　口味 鲜咸味

材料

鸡心300克, 红椒50克, 蒜苗10克

卤料包1个(冰糖15克, 八角3个, 桂皮1块, 焦糖1小匙), 精盐、味精、胡椒粉各少许, 料酒1大匙, 酱油2大匙

做法

1 鸡心去掉白色筋膜, 用清水洗净, 沥水, 内侧剞上十字形花刀, 放入沸水锅中焯烫出血水, 捞出、沥水; 红椒去蒂、去籽, 切成小片; 蒜苗去根, 洗净, 切碎。

2 锅中加入清水、卤料包、料酒和酱油煮出香味, 放入鸡心, 转小火卤至熟透, 捞出、装盘。

3 碗中加入蒜苗碎、红椒片、胡椒粉、味精、精盐、少许卤汁调匀成味汁, 浇在鸡心上即可。

烤鸭拌韭菜

难度 初级　时间 15分钟　口味 鲜咸味

材料

烤鸭肉、韭菜各200克，绿豆芽、胡萝卜各50克

精盐1/2大匙，味精、白糖各1小匙，酱油、香油各1/2小匙

做法

1 烤鸭肉撕成细条；韭菜洗净，切成小段；绿豆芽掐去两头；胡萝卜洗净，去皮，切成丝，放入沸水锅内，加入绿豆芽焯烫至熟，捞出、沥水，过凉。

2 取小碗1个，加入香油、酱油、精盐、味精、白糖调拌均匀，制成味汁。

3 把烤鸭肉条、韭菜段、胡萝卜丝和绿豆芽放入容器内，淋入味汁拌匀，装盘上桌即可。

蛋黄鸭卷

难度 中级　时间 8小时　口味 鲜咸味

材料

净鸭腿500克，咸鸭蛋黄100克

葱末、姜末各10克，精盐、鸡精各1小匙，料酒、生抽、老抽各1大匙，胡椒粉少许，玉米粉2大匙

做法

1　净鸭腿剔去骨头，加上料酒、精盐、生抽、老抽、鸡精、胡椒粉、葱末、姜末拌匀，腌渍3小时。

2　将鸭腿皮面朝下放在案板上，撒上玉米粉，放上咸鸭蛋黄，将鸭肉卷紧成蛋黄鸭卷，用纱布裹起，再用线绳扎紧。

3　蛋黄鸭卷放入蒸锅内，用旺火蒸约40分钟，取出，用重物压至冷却使鸭卷固定，置于冰箱中冷藏存放，食用时拆去纱布，顶刀切成大片即可。

香卤鸭舌

难度 初级　时间 2小时　口味 鲜咸味

材料

鸭舌500克

姜片25克，精盐2小匙，白糖、味精、酱油、老汤各适量，植物油、冰糖各少许，卤料包1个

做法

1　将鸭舌洗净，放入沸水锅内焯烫一下，捞出，再换清水煮至近熟，捞出、沥水。

2　锅置火上，放入植物油烧热，加入白糖，用小火熬煮至呈暗红色，加入清水、姜片、老汤和卤料包烧沸。

3　加入酱油、冰糖、精盐、味精煮成红卤汤，放入鸭舌，用中火浸卤15分钟，离火，浸泡30分钟至入味，食用时捞出，码放在盘内，淋上少许卤汁即可。

酱香鸭肠

难度 中级　时间 45分钟　口味 酱香味

材料

鸭肠500克,青椒、红椒、香菜各25克

葱丝、蒜蓉各10克,精盐1大匙,味精1小匙,白糖2大匙,辣椒油、香油各2小匙,老汤适量

做法

1 鸭肠去除杂质,用清水洗净,放入沸水锅中焯烫一下,捞出、沥水;青椒、红椒去蒂、去籽,切成细丝;香菜去根和老叶,切成小段。

2 净锅置火上,加入老汤、精盐、味精、白糖烧煮成酱汁,放入鸭肠,用小火酱25分钟至熟,捞出。

3 熟鸭肠刷上香油,切成长段,加入辣椒油、蒜蓉、香菜段、红椒丝、青椒丝、葱丝拌匀,装盘上桌即可。

椒麻卤鹅

| 🥦 难度 中级 | 🕐 时间 2小时 | 🍴 口味 椒麻味 |

材料

带骨鹅肉1大块（约750克），香葱30克

花椒10克，精盐1小匙，味精1/2小匙，香油1大匙，植物油2大匙，卤水1000克

做法

1　带骨鹅肉放入沸水锅内焯烫一下，捞出、沥水；把花椒、香葱洗净，剁成蓉，放在碗里，拌匀成椒麻糊。

2　净锅置火上，倒入卤水烧沸，放入带骨鹅肉，用小火卤煮1.5小时至熟，捞出、凉凉，剔去骨头，切成大小均匀的厚片，码放在盘内。

3　净锅置火上，加入植物油烧热，加入椒麻糊、精盐、味精、香油炒匀成味汁，浇在鹅肉片上即可。

茶香鹌鹑

| 难度 中级 | 时间 60分钟 | 口味 茶香味 |

材料

鹌鹑2只，红茶10克

大葱25克，姜片15克，精盐、味精各1小匙，白糖、白酒各2大匙，酱油1大匙，老汤适量

做法

1　将鹌鹑宰杀，烫去毛，去掉内脏和杂质，用清水漂洗干净，放入沸水锅中，加入少许精盐和白酒焯烫一下，捞出、沥净水分。

2　锅内加入老汤烧热，放入大葱、姜片、红茶、酱油、精盐、白糖、味精和白酒煮10分钟。

3　放入鹌鹑，转小火卤煮20分钟，待鹌鹑上色并入味时，取出鹌鹑，凉凉，剁成大块，直接上桌即可。

五味花生

难度　初级　|　时间　90分钟　|　口味　五香味

材料

带皮花生500克，红辣椒30克，香菜25克

大葱、蒜瓣各15克，精盐、五香粉各少许，酱油、米醋各1大匙，白醋2大匙，白糖、香油各1/2大匙

做法

1　将带皮花生放入清水锅内，加上少许精盐和五香粉煮至熟，捞出、沥水。

2　蒜瓣去皮，剁成末；红辣椒洗净，去蒂及籽，切成小段；大葱、香菜洗净，均切成细末。

3　蒜末、红辣椒段、葱末、香菜末放入容器内，加入熟带皮花生、酱油、米醋、白醋、白糖和香油拌匀，放入冰箱内冷藏，食用时取出，装盘上桌即可。

凉拌三丝

难度 中级　时间 25分钟　口味 鲜咸味

材料

干豆腐250克,绿豆芽200克,胡萝卜50克,香葱、香菜段各15克

蒜瓣10克,精盐2小匙,白糖、鸡精各1小匙,米醋、香油各少许

做法

1 绿豆芽去根,洗净;干豆腐切成丝;胡萝卜去皮,切成细丝;香葱去根,切成小段;蒜瓣去皮,剁成末。

2 锅置火上,加入清水烧沸,下入干豆腐丝焯烫一下,捞出;锅内倒入绿豆芽、胡萝卜丝焯烫一下,捞出。

3 将绿豆芽、胡萝卜丝、干豆腐丝用清水过凉,沥净水分,放入容器内,加入精盐、白糖、鸡精、米醋、香菜段、香葱段、蒜末和香油拌匀,装盘上桌即可。

鲜汁拌海鲜

难度 中级　时间 30分钟　口味 鲜咸味

材料

净虾仁250克，海螺、毛蚶各150克，黄瓜100克

精盐1小匙，生抽1大匙，海鲜酱油2小匙，胡椒粉、花椒油各少许

做法

1　黄瓜切成细丝，放在深盘内垫底；海螺、毛蚶放入冷水锅内（图1），用中火煮至熟，捞出（图2）；净虾仁放入冷水锅内（图3），快速焯烫至变色，捞出。

2　毛蚶去壳（图4），取毛蚶肉，片成片（图5）；海螺去掉外壳，取海螺肉，去掉杂质，切成片（图6）。

3　净虾仁、海螺片、毛蚶片放在容器内，加入精盐、生抽、海鲜酱油、胡椒粉和花椒油拌匀（图7），放在盛有黄瓜丝的深盘内即可。

虾仁嫩韭

难度 初级　｜　时间 15分钟　｜　口味 鲜咸味

材料

鲜虾仁250克，韭菜200克

姜片5克，精盐、味精、料酒各1/2小匙，白糖、水淀粉、花椒油、香油、植物油各适量

做法

1. 鲜虾仁洗净，去掉虾线，放入碗中，加入料酒、精盐、姜片拌匀，稍腌片刻，拣出姜片，加入水淀粉拌匀、上浆，下入热油锅中滑至熟透，捞出、沥油。

2. 韭菜择洗干净，切成小段，放入沸水锅中焯烫一下，捞出、过凉。

3. 熟虾仁、韭菜段放入盘内，加入精盐、味精、白糖，淋入花椒油、香油拌匀，装盘上桌即可。

虾仁沙拉

难度　初级　　时间　15分钟　　口味　鲜咸味

材料

虾仁	200克
黄瓜	150克
生菜	100克
葱末	25克
蒜末	15克
精盐	1小匙
胡椒粉	少许
沙拉酱	2大匙

做法

1　将虾仁去除虾线，洗净，放入沸水锅内焯烫至熟嫩，捞出、过凉，沥净水分。

2　将黄瓜去根，削去外皮，切成圆形小块；生菜择洗干净，留取嫩叶。

3　熟虾仁加入葱末、蒜末、精盐和胡椒粉拌匀；将生菜叶摆入盘中，放入黄瓜块，摆上熟虾仁，淋入沙拉酱，直接上桌即可。

什锦鳝丝

难度 中级　　时间 20分钟　　口味 鲜咸味

材料

净鳝鱼肉150克，胡萝卜、白萝卜各50克，莴笋30克

葱段15克，姜片10克，精盐1小匙，味精1/2小匙，白糖少许，料酒4小匙，香油2小匙

做法

1　把净鳝鱼肉放入沸水锅中，加入姜片、葱段、料酒焯烫至熟，捞出、过凉，沥水，切成丝；胡萝卜、白萝卜、莴笋分别去皮，洗净，均切成细丝。

2　胡萝卜丝、白萝卜丝、莴笋丝放入容器内，加入少许精盐拌匀，使之质地回软，换清水洗净，攥净水分。

3　熟鳝鱼丝、胡萝卜丝、莴笋丝、白萝卜丝放入容器内，加入精盐、味精、白糖和香油拌匀，装盘上桌即可。

凉粉拌鳝丝

难度 中级　**时间** 30分钟　**回味** 鲜辣味

材料

鳝鱼300克，凉粉100克，熟芝麻15克，香菜段10克

葱段25克，姜片20克，精盐、味精、米醋、白糖、豆豉油豆瓣、辣椒油、香油各少许

做法

1　鳝鱼去头、内脏，取净鳝鱼肉，洗净血污，放入清水锅内，加入葱段、姜片烧沸，用中火煮至熟，捞出、冲凉，切成粗丝。

2　凉粉冲净，沥净水分，切成长条，放在盘内垫底，上放熟鳝鱼丝。

3　将精盐、味精、米醋、白糖、辣椒油、香油、豆豉油豆瓣放入小碗中调成味汁，淋在熟鳝鱼丝上，撒上熟芝麻、香菜段即可。

芥末北极贝

难度 初级　时间 15分钟　国味 芥末味

材料

北极贝500克

芥末膏2小匙，精盐1小匙，味精、香油各1/2小匙，大红浙醋、清汤各适量

做法

1 将北极贝放入清水中解冻至软，捞出，从侧面对剖成两半，去除内部杂质，沥净水分。

2 净锅置火上，放入清汤烧沸，加入芥末膏、精盐、味精、香油和大红浙醋调匀，用小火煮5分钟成卤汁。

3 放入北极贝煮3分钟，离火、凉凉，捞出北极贝，码放在盘内，淋上少许卤汁即可。

橙汁鲍贝

难度 初级　时间 2小时　口味 香甜味

材料

净鲍贝肉	250克
鲜橙	1个
冰糖	200克
精盐	少许

做法

1 鲜橙洗净，取出鲜橙肉，放入搅拌器内，加上少许清水打成鲜橙汁，放入净锅内，加入冰糖煮至溶化，出锅，倒入容器内，凉凉成橙味汁。

2 净鲍贝肉放入沸水锅内，加上精盐焯烫至熟，取出，过凉，沥水，放入橙味汁内腌泡2小时，直接上桌即可。

双椒墨鱼仔

難度 初级　时间 40分钟　口味 鲜咸味

材料

鲜墨鱼仔500克，青椒、红椒各50克

葱段20克，酱油、葱油各1小匙，味精、美极鲜酱油、白醋、辣根各少许

做法

1　鲜墨鱼仔撕去外皮，去掉内脏，洗涤整理干净，放入清水锅内，加入葱段煮至断生，捞出，凉凉，沥水。

2　青椒、红椒分别去蒂、去籽，洗净，切成小块，放入沸水锅内焯烫一下，捞出、沥净水分。

3　把酱油、味精、美极鲜酱油、白醋、辣根、葱油放入容器内拌匀成腌泡汁，放入墨鱼仔、红椒块和青椒块拌匀，腌渍30分钟，装盘上桌即可。

黄瓜墨鱼仔

难度 初级　时间 20分钟　口味 香辣味

材料

墨鱼仔300克，黄瓜100克

蒜蓉15克，葱段、姜片各10克，芥末膏2小匙，精盐、味精、香油各1小匙，米醋、料酒各1大匙，清汤适量

做法

1　墨鱼仔剥去外膜，去掉内脏，放入清水锅内，加入葱段、姜片和料酒，用旺火焯烫至断生，捞出、沥水。

2　黄瓜洗净，削去外皮，切成菱形小块，码放在盘中垫底，熟墨鱼仔盖在上面。

3　芥末膏放在小碗内，先加入清汤调匀，再放入精盐、味精、米醋、蒜蓉和香油调拌均匀成味汁，淋入盘中墨鱼仔上即可。

蜇头蛏肉

难度 中级　时间 30分钟　口味 鲜咸味

材料

蛏肉200克，蜇头片150克，黄瓜丝、豆皮丝、水发木耳丝、红椒圈、香菜段各15克

葱丝、姜丝、蒜片各15克，精盐、味精、白糖、蚝油、酱油、生抽、香油各适量

做法

1　锅内加入香油烧热，下入葱丝、姜丝、蒜片、红椒圈炒香，加入精盐、味精、白糖、酱油、蚝油、生抽烧沸成味汁，倒入大碗中。

2　锅内加入清水烧沸，放入蛏肉、蜇头片、豆皮丝、水发木耳丝焯烫一下，捞出、沥水。

3　把蛏肉、蜇头片、豆皮丝、水发木耳丝、黄瓜丝放入容器内，倒入味汁，撒上香菜段，淋入少许香油，拌匀并腌渍入味，装盘上桌即可。

五彩鱼皮丝

难度 中级　时间 20分钟　口味 鲜咸味

材料

水发鱼皮200克，冬笋丝、红椒丝各50克，绿豆芽、黄瓜丝各25克

精盐、香油各1小匙，味精1/2小匙，花椒油2小匙

做法

1　将水发鱼皮洗净，放入沸水锅中，快速焯烫一下，捞出、凉凉，切成细丝；绿豆芽去根，洗净。

2　净锅置火上，加入清水烧沸，倒入冬笋丝、红椒丝、绿豆芽焯烫至断生，捞出。

3　精盐、味精、香油、花椒油放入容器内，调拌均匀成味汁，放入水发鱼皮丝、冬笋丝、红椒丝、绿豆芽和黄瓜丝拌匀，装盘上桌即可。

第二章

热炒

香辣土豆丁

难度 初级　时间 15分钟　口味 香辣味

材料

土豆400克

干红辣椒20克, 葱丝15克, 姜末5克, 精盐1小匙, 味精、米醋各1/2小匙, 清汤2大匙, 植物油适量

做法

1 土豆削去外皮, 切成2厘米见方的丁, 用清水浸泡片刻, 捞出、沥水; 干红辣椒去蒂, 切成小段。

2 净锅置火上, 加入植物油烧至六成热, 放入土豆丁炸至呈浅黄色, 捞出、沥油。

3 锅内留少许底油烧热, 下入葱丝、姜末炒香, 放入干红辣椒段略炸, 下入土豆丁, 加入清汤、精盐、米醋翻炒片刻, 放入味精炒匀, 出锅装盘即可。

土豆小番茄

难度 中级　　时间 15分钟　　口味 酸甜味

材料

土豆250克, 樱桃番茄100克, 洋葱、青椒各50克

精盐1小匙, 白糖、米醋各1/2大匙, 番茄酱1大匙, 水淀粉2小匙, 香油少许, 植物油适量

做法

1 樱桃番茄、洋葱、青椒分别洗净, 均切成小片; 土豆洗净, 去皮, 切成半圆片, 下入烧至七成热的油锅内炸至透, 捞出、沥油。

2 锅内留少许底油, 复置火上烧热, 放入番茄酱、白糖、米醋、精盐, 添入少许清水烧沸。

3 下入洋葱片、樱桃番茄片、土豆片和青椒片翻炒均匀, 用水淀粉勾薄芡, 淋上香油, 出锅装盘即可。

树椒土豆丝

难度 初级　时间 10分钟　口味 鲜辣味

材料

土豆400克，青椒25克，干树椒15克，香菜少许

葱丝5克，精盐1小匙，味精1/2小匙，米醋、花椒油各2小匙，植物油适量

做法

1 土豆洗净，去皮，切成细丝，放入沸水锅中焯烫一下，捞出、过凉，沥净水分；香菜择洗干净，切成小段；青椒去蒂、去籽，切成细丝。

2 净锅置火上，加入植物油烧至五成热，下入干树椒，用小火炸出香辣味，放入土豆丝、青椒丝和葱丝翻炒均匀。

3 烹入米醋，用旺火快速翻炒几下，加入精盐、味精、花椒油、香菜段炒至入味，出锅上桌即可。

72

干煸土豆片

难度 中级　时间 15分钟　口味 香辣味

材料

土豆400克，香菜50克

干红辣椒15克，蒜末5克，精盐1/2大匙，味精1小匙，白糖、花椒油各1/2大匙，植物油适量

做法

1 香菜去根和老叶，洗净，取香菜嫩茎，切成小段；干红辣椒洗净，去蒂及籽，切成小段。

2 土豆削去外皮，用清水洗净，用模具压成圆片，放入烧至七成热的油锅中炸至呈金黄色，捞出、沥油。

3 锅中留底油烧热，下入干红辣椒段、蒜末炒香，放入土豆片，加入精盐、白糖、味精煸炒2分钟，撒上香菜段，淋入花椒油，出锅装盘即可。

蒜薹小炒肉

难度 初级　时间 15分钟　口味 鲜辣味

材料

蒜薹250克, 猪肉150克

姜块5克, 豆瓣酱1大匙, 白糖2小匙, 老干妈辣酱1小匙, 鸡精、水淀粉各少许, 植物油2大匙

做法

1 蒜薹去根, 洗净, 切成小段; 猪肉去除筋膜, 切成小条; 姜块洗净, 切成片。

2 净锅置火上, 加入植物油烧至五成热, 下入猪肉条煸炒至变色, 放入姜片炒香。

3 加入豆瓣酱翻炒至上色, 放入白糖、蒜薹段、老干妈辣酱炒匀, 加入鸡精和少许清水略炒, 用水淀粉勾芡, 出锅装盘即可。

青椒炒肉粒

难度 初级　时间 25分钟　口味 鲜咸味

材料

青椒200克，猪肉、胡萝卜各75克，豌豆粒50克

葱末、蒜末各15克，精盐、白糖各1小匙，酱油、米醋、料酒、水淀粉各1/2小匙，植物油2大匙

做法

1　青椒、胡萝卜洗净，切成小丁；猪肉切成小粒，加上少许精盐、酱油、料酒和水淀粉拌匀，腌渍片刻。

2　取小碗，放入精盐、酱油、白糖、米醋、水淀粉调匀成味汁；豌豆粒洗净，沥水。

3　锅内加入植物油烧热，下入猪肉粒炒至变色，加入葱末、蒜末、青椒丁、胡萝卜丁、豌豆粒炒匀，倒入调好的味汁，用旺火翻炒至熟，装盘上桌即可。

75

干锅有机菜花

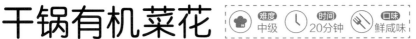

难度 中级　时间 20分钟　口味 鲜咸味

材料

菜花250克，五花肉100克，洋葱75克，小米椒、杭椒各25克

蒜瓣15克，豆豉1大匙，精盐少许，生抽、蚝油、白糖各2小匙，植物油适量

做法

1　洋葱切成丝（图1），放在小铁锅中垫底；菜花掰成小朵（图2），放入热油锅内冲炸一下（图3），捞出；杭椒、小米椒切成椒圈；五花肉切成片（图4）。

2　锅内加入植物油烧热，放入蒜瓣和五花肉片炒至变色（图5），加入杭椒圈、小米椒圈和豆豉炒香（图6）。

3　放入菜花炒匀，加入生抽、蚝油、白糖和精盐翻炒均匀，出锅，放在盛有洋葱丝的小铁锅中即可（图7）。

咖喱菜花

难度 初级　时间 15分钟　口味 咖喱味

材料

菜花500克

姜末5克，精盐、味精、胡椒粉各1小匙，咖喱粉、酱油、鸡汤、植物油各1大匙

做法

1 将菜花洗净，掰成小朵，放入沸水锅中焯烫一下，捞出、过凉，沥净水分。

2 净锅置火上，加入植物油烧至五成热，下入姜末煸炒一下，放入咖喱粉炒出香味。

3 加入鸡汤、精盐、味精、胡椒粉、酱油翻炒均匀，放入菜花炒至入味，出锅装盘即可。

豆酱甘蓝

难度 初级　时间 15分钟　口味 酱香味

材料

结球甘蓝300克，猪五花肉150克

精盐少许，酱油、豆豉各1大匙，豆瓣酱、料酒各2小匙，清汤、甜面酱、植物油各2大匙

做法

1 猪五花肉洗净，切成薄片；结球甘蓝去根，取嫩结球甘蓝叶，撕成小块。

2 净锅置火上，加入植物油烧至六成热，倒入猪五花肉片，用旺火翻炒至变色。

3 下入豆瓣酱、豆豉、甜面酱炒至上色，加入清汤、料酒、结球甘蓝叶炒匀，放入酱油、精盐炒至入味，装盘上桌即可。

西芹腰果

| 难度 中级 | 时间 15分钟 | 口味 鲜咸味 |

材料

西芹250克，虾仁100克，腰果75克

葱片、姜片、蒜片各5克，精盐1小匙，鸡精、白糖各少许，水淀粉、葱油、植物油各适量

做法

1 西芹去除老筋，洗净，切成片；虾仁去除虾线，洗净；腰果放入热油锅内炸至熟香，捞出、沥油。

2 净锅置火上，加入清水、少许精盐和植物油煮至沸，分别放入西芹片、虾仁焯烫一下，捞出、沥水。

3 净锅置火上，加入植物油烧热，下入葱片、姜片、蒜片炝锅，放入西芹片、虾仁、精盐、鸡精、白糖炒匀，用水淀粉勾芡，淋入葱油，撒入腰果，出锅装盘即可。

芦笋炒香干

难度 初级　时间 10分钟　口味 鲜咸味

材料

芦笋	250克
豆腐干	150克
精盐	1小匙
味精	1/2小匙
水淀粉	少许
鲜汤	2大匙
植物油	适量

做法

1. 将芦笋去除老根，削去外皮，用清水洗净，沥净水分，切成4厘米长的小段。

2. 将豆腐干洗净，切成小条，下入烧至七成热的油锅内冲炸一下，捞出、沥油。

3. 锅内留底油烧热，下入芦笋段炒至断生，放入豆腐干翻炒均匀，加入精盐、味精、鲜汤炒至入味，用水淀粉勾薄芡，出锅上桌即可。

红三剁

难度 中级 | 时间 15分钟 | 口味 鲜咸味

材料

西红柿200克，青椒、红椒各125克，猪肉末100克

葱花、姜块、蒜瓣各5克，精盐1小匙，白糖、生抽、水淀粉、植物油各适量

做法

1 西红柿用沸水略烫一下，捞出，剥去外皮，切开西红柿，去蒂、去籽，切成块；红椒、青椒去蒂、去籽，切成小块；蒜瓣去皮，切成片；姜块去皮，切成碎末。

2 净锅置火上，加入植物油烧热，下入猪肉末炒至变色，放入青椒块、红椒块、葱花、姜末和蒜片炒匀。

3 放入西红柿块翻炒一下，加入精盐、白糖、生抽炒匀，用水淀粉勾芡，出锅装盘即可。

蚌肉炒丝瓜

难度 中级 | 时间 15分钟 | 口味 鲜咸味

材料

丝瓜	300克
河蚌肉	150克
红椒条	少许
精盐	1/2小匙
味精、酱油	各1小匙
葱姜汁	2小匙
料酒	1大匙
植物油	2大匙

做法

1 河蚌肉用淡盐水浸泡并洗净，取出，用刀将硬边处拍松，切成小块；丝瓜洗净，去皮，切成滚刀块。

2 净锅置火上烧热，加入植物油烧热，下入河蚌肉煸炒一下，烹入料酒，加入葱姜汁、酱油炒匀，出锅。

3 净锅复置火上，加入少许植物油烧热，下入丝瓜块煸炒片刻，倒入炒好的河蚌肉，加入红椒条、精盐、料酒、味精翻炒均匀，出锅上桌即可。

渍菜粉

难度 中级　时间 25分钟　口味 鲜咸味

材料

酸菜250克，猪肉100克，粉丝15克

葱丝、姜丝各15克，蒜片10克，精盐1小匙，鸡精1/2小匙，老抽2小匙，白糖少许，植物油2大匙

做法

1 酸菜去根，切成细丝；粉丝用清水浸泡至涨发，捞出、沥水，剪成小段；猪肉去掉筋膜，切成细丝。

2 净锅置火上，加入植物油烧至六成热，下入猪肉丝煸炒至变色，放入葱丝、姜丝、蒜片炒出香味，放入酸菜丝翻炒片刻。

3 加入老抽、少许清水、精盐、鸡精和白糖炒匀，下入水发粉丝段翻炒均匀，出锅装盘即可。

银杏炒蜜豆

难度　中级　　时间　10分钟　　口味　鲜咸味

材料

甜蜜豆400克，鲜百合、白果（银杏）、胡萝卜各25克

葱花、姜丝各5克，精盐1小匙，味精、鸡精各1/2小匙，白糖、水淀粉、香油各少许，植物油2大匙

做法

1 百合去掉根，取百合瓣，洗净；胡萝卜去皮，切成片；甜蜜豆撕去豆筋；百合、白果、甜蜜豆和胡萝卜片倒入沸水锅内焯烫一下，捞出、沥水。

2 净锅置火上，加入植物油烧至六成热，下入葱花、姜丝炒香，放入甜蜜豆、白果、百合和胡萝卜片略炒。

3 加入精盐、味精、鸡精、白糖翻炒均匀，用水淀粉勾芡，淋上香油，出锅上桌即可。

南瓜炒百合

难度 初级　时间 15分钟　口味 鲜咸味

材料

南瓜400克，鲜百合100克，青椒、红椒各25克

葱末、姜末各5克，精盐1小匙，味精1/2小匙，水淀粉1大匙，植物油4小匙，香油少许

做法

1 将南瓜洗净，削去外皮，去掉瓜瓤，切成大片，放入沸水锅中焯烫至熟，捞出、沥水。

2 鲜百合去根，洗净；青椒、红椒洗净，去蒂及籽，切成块，放入沸水锅内，加入百合焯烫一下，捞出、沥水。

3 锅中加入植物油烧热，下入葱末、姜末炒香，放入南瓜片、百合片、青椒块、红椒块略炒，加入精盐、味精炒匀，用水淀粉勾芡，淋上香油，出锅装盘即可。

蚝油杏鲍菇

难度 初级 | 时间 15分钟 | 口味 蚝油味

材料

杏鲍菇250克，五花肉100克，青椒、红椒、芹菜段、洋葱各25克

大葱15克，蒜片10克，生抽2小匙，蚝油1大匙，白糖1小匙，植物油4小匙

做法

1 杏鲍菇洗净，切成小条；五花肉洗净，切成片；红椒、青椒去蒂、去籽，洗净，切成小条；洋葱洗净，切成条，大葱洗净，切成小段。

2 净锅置火上，加入植物油烧热，下入五花肉片炒至变色，放入杏鲍菇条炒至干香。

3 下入葱段、蒜片、青椒条、红椒条、芹菜段、洋葱条炒匀，加入生抽、少许清水、白糖和蚝油，用旺火翻炒几下，出锅装盘即可。

香辣萝卜条

难度 初级 | 时间 15分钟 | 口味 香辣味

材料

胡萝卜	300克
青椒、红椒	各少许
干红辣椒	10克
香葱段	15克
精盐	1小匙
味精	1/2小匙
淀粉	1大匙
植物油	适量

做法

1 青椒、红椒分别洗净,去蒂及籽,切成小条;干红辣椒洗净,去蒂及籽,剪成小段。

2 胡萝卜去皮,切成小条,下入沸水锅中焯烫,捞出、沥水,粘上淀粉,放入热油锅中冲炸一下,捞出、沥油。

3 锅内留少许底油烧热,放入干红辣椒段、香葱段、青椒条、红椒条炒香,放入胡萝卜条略炒一下,加入精盐、味精炒至入味,出锅装盘即可。

小炒黄花菜

难度 初级　时间 25分钟　口味 椒香味

材料

黄花菜	100克
青椒、红椒	各25克
花椒	5克
葱末	10克
精盐、味精	各1小匙
酱油	2小匙
水淀粉	1大匙
植物油	2大匙

做法

1 黄花菜去除杂质,放入清水中浸泡至涨发,捞出、沥净水分;青椒、红椒去蒂、去籽,洗净,切成细丝。

2 坐锅点火,加入植物油烧热,下入花椒煸炒出香味,捞出花椒不用,放入葱末炝锅。

3 加入黄花菜、青椒丝、红椒丝略炒,放入精盐、酱油,添入少许清水炒2分钟,加入味精翻炒至入味,用水淀粉勾薄芡,出锅装盘即可。

炒鸡腿菇

难度 中级　　时间 15分钟　　国味 鲜咸味

材料

鸡腿菇250克，脆肠100克，荷兰豆、鲜香菇各50克，红椒块30克

葱末、姜末各5克，精盐、鸡精各1小匙，酱油、料酒、香油、水淀粉、植物油各适量

做法

1　鸡腿菇、鲜香菇、荷兰豆、脆肠分别择洗干净，切成小片，一同放入沸水锅中焯烫一下，捞出、沥水。

2　净锅置火上，加入植物油烧至六成热，下入鸡腿菇、脆肠片、葱末、姜末炒出香味，加入料酒、精盐、酱油、鸡精及少许清水炒匀。

3　放入香菇片、荷兰豆、红椒块炒至入味，用水淀粉勾芡，淋入香油，出锅上桌即可。

黄瓜肉碎猴菇

难度 中级　时间 15分钟　口味 鲜咸味

材料

水发猴头菇250克，黄瓜、胡萝卜各100克，猪肉末50克

精盐、鸡精各2小匙，胡椒粉、香油各1小匙，料酒、水淀粉、植物油各1大匙

做法

1　胡萝卜去皮，洗净，切成片；黄瓜洗净，也切成片；水发猴头菇洗净，放入沸水锅中焯透，捞出、沥水；猪肉末放入小碗中，加入料酒拌匀，腌渍片刻。

2　锅内加入植物油烧至六成热，下入猪肉末煸炒至变色，放入水发猴头菇炒香。

3　加入胡萝卜片、黄瓜片、精盐、鸡精和胡椒粉炒至入味，用水淀粉勾芡，淋上香油，出锅装盘即可。

滑熘肉片

难度 初级 | 时间 15分钟 | 口味 鲜咸味

材料

猪里脊肉250克，胡萝卜、黄瓜各75克，水发木耳15克

姜片、蒜末各5克，精盐1小匙，料酒、白糖、生抽、水淀粉各2小匙，植物油适量

做法

1 猪里脊肉切成大片（图1），放入热油锅内冲炸一下，捞出；黄瓜洗净，去皮（图2），切成菱形片（图3）；胡萝卜去皮（图4），也切成菱形片（图5）。

2 锅置火上，加入植物油烧热，放入姜片、蒜末炝锅，放入猪肉片、黄瓜片、胡萝卜片和水发木耳炒匀（图6）。

3 烹入料酒，放入白糖、精盐、生抽炒匀，用水淀粉勾芡（图7），出锅装盘即可。

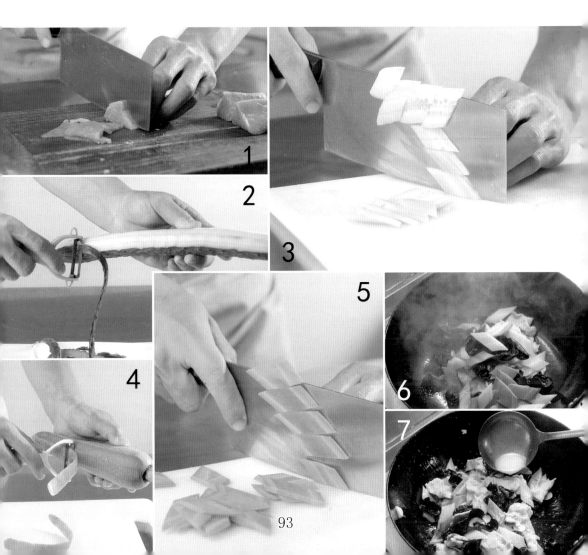

金针木须肉

难度 中级　　时间 25分钟　　口味 鲜咸味

材料

猪肉200克，菠菜100克，水发木耳、水发金针菇各50克，鸡蛋2个

葱花、姜末各5克，精盐、料酒、酱油、鸡精、白糖、水淀粉、植物油各适量

做法

1　猪肉洗净，切成大片；菠菜择洗干净，切成小段；水发金针菇去蒂，切成段；水发木耳去蒂，撕成小块。

2　鸡蛋磕在碗内，加入少许精盐打散，搅匀成鸡蛋液，放入烧热的油锅内炒至熟香，出锅。

3　锅内加入植物油烧热，放入猪肉片、葱花、姜末炒香，加入料酒、酱油、菠菜段、金针菇、木耳、熟鸡蛋、精盐、鸡精、白糖炒匀，用水淀粉勾芡即可。

鱼香小滑肉

难度　中级　时间　15分钟　口味　鱼香味

材料

猪瘦肉350克，水发木耳、冬笋片各50克

泡椒、葱花、姜末、蒜末各10克，精盐、味精各少许，酱油、料酒、米醋、白糖、高汤、水淀粉、植物油各适量

做法

1. 猪瘦肉洗净，切成片，加上少许精盐、料酒拌匀；水发木耳撕成小块；泡椒剁碎；碗中加入精盐、酱油、味精、白糖、米醋、高汤和水淀粉调匀成鱼香芡汁。

2. 净锅置火上，加入植物油烧热，下入猪肉片炒至变色，放入泡椒碎、葱花、姜末、蒜末炒香。

3. 加入水发木耳块、冬笋片翻炒均匀，烹入鱼香芡汁炒至入味，出锅装盘即可。

什锦肉丁

难度 中级　时间 20分钟　口味 鲜咸味

材料

猪瘦肉350克, 黄瓜50克, 熟花生、胡萝卜各20克, 鸡蛋1个

葱末、蒜末、干红辣椒段各10克, 精盐、白糖各1小匙, 味精、香油各少许, 水淀粉、酱油、植物油各适量

做法

1　猪瘦肉洗净, 切成小丁, 加入少许酱油、精盐、鸡蛋和水淀粉抓匀、上浆, 下入热油锅中冲炸一下, 捞出、沥油; 黄瓜、胡萝卜分别择洗干净, 切成小丁。

2　取小碗, 加入酱油、精盐、味精、白糖、水淀粉、少许清水调拌均匀成味汁。

3　锅内加入植物油烧热, 下入葱末、蒜末、干红辣椒段炒香, 放入猪肉丁、胡萝卜丁、熟花生、黄瓜丁炒匀, 倒入味汁炒至入味, 淋入香油, 出锅装盘即可。

家常熘肉片

难度 初级 | 时间 15分钟 | 口味 鲜咸味

材料

猪里脊肉350克,四季豆50克,鸡蛋清1个

葱丝、姜丝各15克,精盐、味精、白糖各少许,酱油、料酒、花椒油、水淀粉各2小匙,植物油适量

做法

1 猪里脊肉切成大片,表面剞上花刀,加入少许精盐、酱油、水淀粉、鸡蛋清拌匀,放入烧热的油锅内滑至熟,捞出;四季豆撕去豆筋,切成小块。

2 净锅置火上,加入少许植物油烧热,下入葱丝、姜丝炒香,添入清水,加入精盐、味精、白糖、酱油、料酒烧沸。

3 放入里脊肉片、四季豆块翻炒均匀,用水淀粉勾芡,淋入花椒油,出锅装盘即可。

姜丝炒肉

难度 初级　时间 15分钟　口味 姜汁味

材料

猪瘦肉350克，鲜姜150克，红椒丝15克

葱丝15克，精盐、味精各1/2小匙，米醋1/2大匙，酱油2小匙，料酒1大匙，香油1小匙，植物油2大匙

做法

1 猪瘦肉用清水洗净，擦净水分，切成6厘米长的细丝；鲜姜去皮，洗净，切成细丝，放入冷水中浸泡以去除辣味，捞出、沥水。

2 炒锅置火上，加入植物油烧至七成热，下入姜丝炒出香味，放入猪肉丝炒至变色。

3 烹入料酒，加入红椒丝、酱油、精盐、米醋、味精翻炒至入味，加入葱丝，淋入香油炒匀，出锅装盘即可。

回锅猪蹄

难度 中级　时间 50分钟　口味 鲜辣味

材料

猪蹄750克，香葱50克

葱段、姜片、蒜片、花椒、八角各少许，淀粉、豆豉、豆瓣酱、白糖、植物油各适量

做法

1　猪蹄放入高压锅内，加入葱段、姜片、花椒、八角、清水压30分钟至熟，捞出、凉凉，剔去大块棒骨，沿骨缝切成块，粘上淀粉；香葱洗净，切成香葱花。

2　净锅置火上，加入植物油烧至六成热，下入猪蹄块冲炸一下，捞出、沥油。

3　锅内留底油烧热，放入豆豉、豆瓣酱、葱段、姜片、蒜片、白糖、猪蹄块和香葱花炒匀，出锅装盘即可。

培根炒秋葵

难度 初级　时间 10分钟　口味 鲜咸味

材料

秋葵	250克
培根	150克
蒜瓣	15克
精盐	1小匙
白糖	少许
香油	2小匙
植物油	适量

做法

1. 将秋葵洗净，斜刀切成小段；培根肉一分为二，切成小块；蒜瓣去皮，洗净，切成片。

2. 净锅置火上，加入植物油烧至六成热，放入蒜片，用小火煸炒至上色，下入培根块炒至熟。

3. 放入秋葵段翻炒片刻，加入精盐、白糖调好口味，淋入香油，出锅装盘即可。

肉末炒拉皮

难度 中级　时间 15分钟　口味 鲜咸味

材料

拉皮250克，猪肉末100克，黄瓜丝、胡萝卜丝、香菜段各25克

葱丝、蒜瓣各10克，精盐1小匙，酱油1大匙，白糖、香油、辣椒油各2小匙，植物油2大匙

做法

1　取一半的蒜瓣，剁成蒜末；净锅置火上，加入植物油烧至六成热，放入猪肉末煸炒至变色。

2　放入葱丝和蒜瓣炒出香味，加入胡萝卜丝、拉皮，继续翻炒片刻。

3　加入酱油、白糖、精盐和少许清水炒匀，放入黄瓜丝、香菜段，淋入香油、辣椒油，加入蒜末，用旺火翻炒片刻，出锅装盘即可。

青椒炒猪心

难度 初级　时间 15分钟　口味 鲜咸味

材料

猪心250克，青椒100克，胡萝卜50克

姜末5克，精盐、味精、白糖、酱油、料酒各1小匙，水淀粉1大匙，鲜汤、植物油各2大匙

做法

1 猪心洗净，切成大片，加上水淀粉、精盐拌匀、上浆，下入六成热油锅中滑至熟，捞出、沥油；青椒洗净，去蒂及籽，切成小块；胡萝卜去皮，洗净，切成小片。

2 净锅置火上，加入少许植物油烧热，下入姜末、胡萝卜片、青椒块略炒，添入鲜汤，放入猪心片炒匀。

3 加入料酒、酱油、精盐、味精、白糖炒至入味，用水淀粉勾薄芡，出锅装盘即可。

辣子肥肠

材料

猪大肠500克

干红辣椒段25克，姜片、蒜片各5克，花椒10克，精盐、白糖各1/2小匙，酱油2小匙，鸡精1小匙，料酒1大匙，植物油适量

做法

1　将猪大肠洗涤整理干净，放入清水锅中煮至熟，捞出、凉凉，切成小段，下入烧至六成热的油锅内冲炸一下，捞出、沥油。

2　锅内留少许底油，复置火上烧热，下入姜片、蒜片炒香，放入干红辣椒段、花椒炒出香辣味。

3　加入熟大肠段翻炒均匀，放入精盐、料酒、酱油、白糖、鸡精炒至入味，出锅装盘即可。

杭椒牛柳

难度 中级 ｜ 时间 15分钟 ｜ 口味 鲜咸味

材料

牛里脊肉300克，杭椒200克，鸡蛋1个

精盐、味精、鸡精、淀粉各1小匙，料酒2大匙，水淀粉2小匙，嫩肉粉、香油各少许，植物油适量

做法

1 牛里脊肉切成小条，磕入鸡蛋，加入味精、鸡精、料酒、嫩肉粉、淀粉抓匀、上浆；杭椒洗净，切去两端。

2 净锅置火上，加上植物油烧至六成热，下入牛肉条滑散至熟，捞出、沥油；油锅内放入杭椒滑至翠绿，捞出。

3 锅内留少许底油，复置火上烧热，放入杭椒、牛肉条、精盐、味精、鸡精、料酒翻炒均匀，用水淀粉勾芡，淋入香油，出锅装盘即可。

蚝油牛肉丝

难度 中级　时间 15分钟　口味 蚝油味

材料

牛里脊肉350克, 平菇100克, 胡萝卜25克

姜丝5克, 白糖、料酒各1小匙, 酱油、蚝油各2小匙, 水淀粉1大匙, 香油1/2小匙, 植物油适量

做法

1　平菇去蒂, 洗净, 撕成细条; 胡萝卜去皮, 切成细丝; 牛里脊肉去除筋膜, 切成细丝, 加入少许酱油、水淀粉拌匀, 下入热油锅中滑散至熟, 捞出、沥油。

2　锅内留少许底油, 复置火上烧热, 下入姜丝炒香, 放入胡萝卜丝、平菇条和牛肉丝略炒。

3　添入少许清水, 加入酱油、白糖、料酒、蚝油炒至入味, 用水淀粉勾芡, 淋上香油, 出锅上桌即可。

辣炒牛柳

难度 中级　｜　时间 25分钟　｜　口味 香辣味

材料

牛里脊肉400克，杭椒40克，香葱25克，熟芝麻15克，鸡蛋1个

干红辣椒50克，精盐1小匙，生抽1大匙，淀粉、植物油各适量

做法

1 牛里脊肉切成片（图1），放入碗中，磕入鸡蛋（图2），加入精盐、生抽和淀粉搅拌均匀（图3），放入热油锅内炸至变色，捞出、沥油（图4）。

2 干红辣椒剪成小段（图5）；杭椒去蒂、去籽，切成椒圈；香葱择洗干净，切成小段；

3 净锅置火上，加入植物油烧热，加入干红辣椒段、杭椒圈炒香（图6），放入牛肉片炒匀，加入少许精盐，放入熟芝麻，撒入香葱段（图7），装盘上桌即可。

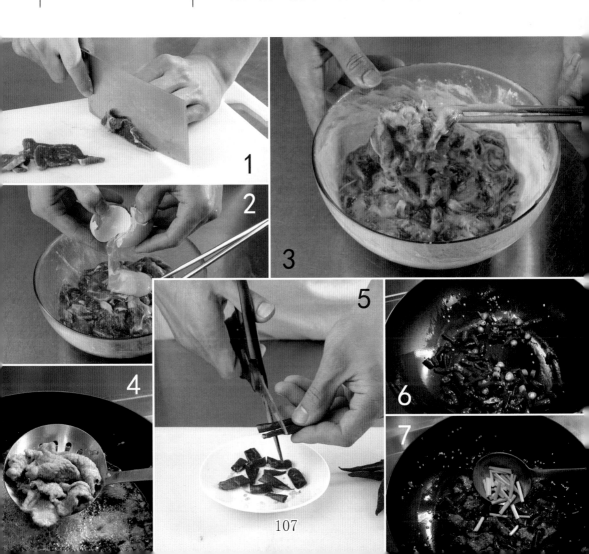

银芽炒牛肉

难度 中级　时间 20分钟　口味 鲜咸味

材料

牛里脊肉300克，韭菜、黄豆芽各75克，春笋，胡萝卜各30克，鸡蛋1个

葱丝、姜丝各5克，精盐、鸡精各1小匙，蚝油、酱油各2小匙，淀粉、植物油各2大匙

做法

1 牛里脊肉洗净，切成大片，加入淀粉、鸡蛋和少许精盐拌匀、上浆；韭菜去根，洗净，切成段；黄豆芽去根，择洗干净；春笋、胡萝卜分别洗净，切成细丝。

2 净锅置火上，加入植物油烧至六成热，下入牛肉片炒至变色，放入葱丝、姜丝、春笋丝、胡萝卜丝炒匀。

3 加入精盐、酱油、蚝油、鸡精调好口味，放入韭菜段、黄豆芽炒至入味，出锅装盘即可。

滑蛋炒牛肉

难度 初级　时间 15分钟　口味 鲜咸味

材料

牛里脊肉	250克
鸡蛋	4个
葱花	15克
精盐	1小匙
味精	1/2小匙
胡椒粉	少许
香油	2小匙
植物油	适量

做法

1 把鸡蛋磕入大碗中，加入精盐、味精、胡椒粉、葱花和少许植物油，搅拌均匀成鸡蛋液；牛里脊肉去除筋膜，洗净，切成薄片。

2 锅内加入植物油烧至四成热，下入牛肉片滑散、滑熟，捞出、沥油，倒入盛有鸡蛋液的大碗中拌匀。

3 净锅复置火上烧热，倒入拌好的牛肉鸡蛋液，边炒边淋入植物油和香油，装盘上桌即可。

生炒鸡丝

难度 初级　　时间 15分钟　　口味 鲜咸味

材料

鸡胸肉400克，青椒、红椒各30克，鸡蛋1个

精盐、味精、香油各1小匙，料酒、水淀粉各2大匙，鸡汤3大匙，植物油适量

做法

1 鸡胸肉去掉筋膜，切成细丝，加入鸡蛋、少许精盐、水淀粉拌匀；青椒、红椒去蒂、去籽，切成细丝。

2 净锅置火上，加入植物油烧至六成热，下入鸡肉丝滑散、滑透，捞出、沥油。

3 锅内留少许底油烧热，下入青椒丝、红椒丝略炒，烹入料酒，加入味精、鸡汤、精盐，用水淀粉勾芡，放入鸡肉丝翻炒均匀，淋入香油，出锅装盘即可。

木耳炒鸡块

难度 中级　时间 25分钟　口味 鲜咸味

材料

鸡腿400克，西蓝花100克，水发木耳块、胡萝卜片各30克

葱花5克，精盐、胡椒粉各1/2小匙，酱油2大匙，白糖、米醋各1小匙，料酒、水淀粉各2小匙，植物油适量

做法

1　鸡腿洗净，剁成大块，加上精盐、水淀粉拌匀，放入烧热的油锅内煸炒5分钟，捞出；西蓝花洗净，掰成小朵，放入沸水锅内焯烫一下，捞出、过凉、沥水。

2　锅内加入植物油烧至七成热，下入葱花炒出香味，放入鸡腿块、胡萝卜片、水发木耳块和西蓝花瓣略炒。

3　加入精盐、酱油、白糖、米醋、料酒、胡椒粉炒至入味，用水淀粉勾芡，出锅装盘即可。

什锦鸡肉丁

难度 中级　时间 20分钟　口味 鲜咸味

材料

鸡胸肉250克，豌豆粒100克，香菇50克，胡萝卜30克，红椒丁10克

葱末5克，精盐、白糖、酱油各1小匙，鸡精、香油、料酒、淀粉、植物油各适量

做法

1　香菇去蒂，洗净，切成小丁；胡萝卜洗净，去皮，也切成丁；鸡胸肉切成丁，加入料酒、淀粉拌匀，腌渍10分钟，放入热油锅中炒至变色，捞出、沥油。

2　净锅复置火上，加入植物油烧热，下入葱末炝锅，放入胡萝卜丁、豌豆粒、香菇丁和红椒丁烧炒。

3　加入鸡肉丁炒匀，放入酱油、精盐、白糖、少许清水、鸡精、香油炒至入味，出锅装盘即可。

糖醋鸡丁

难度　中级　　时间　25分钟　　口味　糖醋味

材料

鸡胸肉300克，青椒块、胡萝卜块、西红柿块各50克，鸡蛋清1个

酱油1大匙，白糖、米醋各2大匙，番茄酱3大匙，淀粉、植物油各适量

做法

1 将鸡胸肉去除筋膜，用清水洗净，切成小丁，加入鸡蛋清、酱油、淀粉抓拌均匀，腌渍15分钟，下入热油锅中炸至上色，捞出、沥油。

2 锅内留少许底油，复置火上烧至七成热，下入青椒块、西红柿块、胡萝卜块炒出香味。

3 放入鸡肉丁炒匀，加入番茄酱、白糖、米醋翻炒至入味，出锅装盘即可。

回锅鸭肉

难度 初级　　时间 25分钟　　口味 香辣味

材料

鸭胸肉300克，竹笋100克，菜花50克，青椒、红椒各20克

精盐、白糖各少许，酱油、豆豉酱各2大匙，豆瓣酱、料酒、水淀粉、植物油各适量

做法

1 鸭胸肉洗净，加入精盐、料酒拌匀，放入蒸锅中蒸10分钟，取出鸭胸肉，切成大片；竹笋洗净，切成小片；菜花、青椒、红椒用清水洗净，均切成小块。

2 锅内加入植物油烧热，下入豆豉酱、豆瓣酱炒香，放入竹笋片、菜花、青椒块、红椒块、鸭肉片翻炒均匀。

3 加入酱油、白糖，用旺火翻炒至入味，用水淀粉勾芡，出锅装盘即可。

火爆乳鸽

难度 中级　时间 25分钟　口味 香辣味

材料

净乳鸽2只，红尖椒、青尖椒、蒜苗各25克

干红辣椒15克，花椒5克，精盐、味精各1小匙，酱油、料酒、辣椒油、豆瓣酱各1大匙

做法

1　净乳鸽剁成块；蒜苗洗净，切成小段；干红辣椒去蒂，切成段；红尖椒、青尖椒洗净，切成小段。

2　炒锅置火上，加入辣椒油烧至六成热，下入干红辣椒段、花椒炒出香辣味，放入乳鸽块，用旺火煸炒至熟透、干香，放入红尖椒段、青尖椒段炒匀。

3　加入精盐、味精、酱油、料酒、豆瓣酱翻炒至入味，放入蒜苗段翻炒均匀，出锅装盘即可。

蛋黄炒南瓜

难度 中级　时间 20分钟　口味 鲜咸味

材料

南瓜	500克
咸鸭蛋黄	4个
香葱段	10克
精盐、鸡精	各少许
料酒	1大匙
植物油	2大匙

做法

1 把咸鸭蛋黄放入小碗中，加入料酒调匀，放入蒸锅内，用旺火蒸8分钟，取出，趁热用小勺碾碎，呈细糊状；南瓜洗净，去皮及瓤，切成小条。

2 炒锅置火上，加入植物油烧热，下入香葱段炒出香味，放入南瓜条煸炒2分钟至熟。

3 倒入加工好的咸鸭蛋黄糊，加入精盐、鸡精翻炒均匀，出锅上桌即可。

豆干炒肉碎

| 难度 中级 | 时间 15分钟 | 口味 鲜咸味 |

材料

豆腐干200克，牛肉末100克，韭菜薹75克，冬笋、香菇各25克

精盐、白糖、酱油各1小匙，蚝油、豆豉各2小匙，植物油2大匙

做法

1. 豆腐干洗净，切成小条，放入淡盐水中浸泡，捞出、沥水；韭菜薹择洗干净，切成小段；冬笋去皮，洗净，切成小丁；香菇去蒂，洗净，切成小条。

2. 净锅置火上，加入植物油烧热，下入牛肉末煸炒至变色，放入冬笋丁、豆腐干条炒匀。

3. 加入精盐、白糖、酱油、蚝油、豆豉炒匀，放入香菇条、韭菜薹段稍炒，出锅装盘即可。

泡椒魔芋

难度 中级　　时间 15分钟　　口味 香辣味

材料

魔芋400克，猪肉100克，泡辣椒、香菇、青椒各25克

葱丝、姜丝各10克，精盐、鸡精各1小匙，胡椒粉、辣椒油各少许，植物油2大匙

做法

1 猪肉洗净，切成细丝；香菇去蒂，洗净，切成丝；青椒去蒂及籽，切成细丝；魔芋洗净，切成小条，放入沸水锅内焯烫一下，捞出、沥水。

2 坐锅点火，加入植物油烧热，下入泡辣椒、葱丝、姜丝炒香，放入猪肉丝炒至变色。

3 加入魔芋条、香菇丝、青椒丝、精盐、胡椒粉、鸡精翻炒至熟嫩，淋入辣椒油，出锅上桌即可。

雪菜肉末炒黄豆

难度 初级　时间 20分钟　口味 鲜咸味

材料

雪菜150克，猪肉末100克，水发黄豆75克

大葱、姜块、蒜瓣各10克，白糖1小匙，香油2小匙，植物油1大匙

做法

1 雪菜去根和老叶，洗净，切成碎末，放入清水中浸泡以去除多余的盐分，捞出，攥干水分；大葱洗净，切成葱花；姜块、蒜瓣均去皮，洗净，切成末。

2 净锅置火上，加入植物油烧至六成热，下入猪肉末炒至变色，放入葱花、姜末和蒜末炒匀。

3 放入雪菜末、水发黄豆，加入白糖、少许清水翻炒均匀至入味，淋入香油，出锅装盘即可。

虾仁豆腐

难度 中级	时间 15分钟	口味 鲜咸味

材料

虾仁	250克
豆腐	200克
香葱	15克
姜片	10克
精盐	1小匙
水淀粉	1大匙
植物油	2大匙

做法

1 豆腐先切成厚片（图1），再切成小块（图2），放入沸水锅内焯烫一下，捞出、沥水，放入热油锅内煎至上色（图3），取出，沥油；香葱洗净，切成香葱花。

2 虾仁洗净，剔去虾线，放入沸水锅内，加入少许精盐焯烫一下，捞出（图4），沥净水分。

3 锅置火上，加入植物油烧热，加入姜片煸香（图5），加入豆腐块和虾仁（图6），放入少许清水和精盐翻炒均匀，用水淀粉勾芡（图7），撒上香葱花即可。

清炒鱿鱼丝

难度 初级　　时间 15分钟　　口味 鲜咸味

材料

水发鱿鱼400克，黄瓜、红椒各50克

葱花、姜末各10克，精盐、味精各1小匙，酱油、料酒各2小匙，花椒粉1/2小匙，水淀粉1大匙，植物油适量

做法

1　黄瓜、红椒分别洗净，均切成细丝；水发鱿鱼撕去外膜，除去内脏，洗涤整理干净，切成丝，放入烧热的油锅内，快速冲炸一下，捞出、沥油。

2　锅内留少许底油，复置火上烧热，下入葱花、姜末炒香，放入黄瓜丝、红椒丝和鱿鱼丝炒匀。

3　加入花椒粉、精盐、酱油、料酒炒至入味，放入味精，用水淀粉勾芡，出锅装盘即可。

葱爆虾仁

难度 中级　时间 15分钟　口味 鲜咸味

材料

虾仁300克，大葱75克，胡萝卜25克

精盐、味精各1小匙，白糖、花椒水、生抽、料酒、水淀粉各1大匙，植物油2大匙

做法

1　虾仁剔去虾线，洗净，加入少许精盐、料酒拌匀；胡萝卜去皮、洗净，切成小片；大葱去根和老叶，洗净，取葱白部分，切成段。

2　炒锅置火上，加入植物油烧热，下入葱白段炒出香味，放入虾仁炒至变色，加入胡萝卜片炒匀。

3　加入料酒、花椒水、精盐、生抽、白糖、味精炒至入味，用水淀粉勾芡，出锅装盘即可。

蛋黄炒蟹

难度	时间	口味
中级	30分钟	鲜咸味

材料

河蟹	300克
南瓜	150克
咸鸭蛋黄	3个
精盐	1小匙
味精	1/2小匙
淀粉	3大匙
植物油	适量

做法

1 河蟹开壳,洗涤整理干净,剁成两半,用淀粉拍匀,下入热油锅中炸至外脆里嫩,捞出、沥油。

2 南瓜洗净,去皮及瓤,切成厚片,粘匀淀粉,放入热油锅中炸至熟透,捞出、沥油;咸鸭蛋黄放入蒸锅内蒸至熟,取出,凉凉,捣成泥状。

3 锅中加入少许植物油烧热,下入咸鸭蛋黄炒香,加入精盐、味精,放入河蟹块、南瓜片炒匀即可。

芥蓝爆双脆

难度 中级　时间 15分钟　口味 鲜咸味

材料

净鱿鱼150克，净鸡胗、芥蓝段各100克

精盐、味精各2小匙，鸡精1小匙，水淀粉2大匙，香油少许，料酒、植物油各适量

做法

1　净鱿鱼内侧剞上十字花刀，切成小块；净鸡胗切成小片，放入沸水锅中焯烫一下，捞出、沥水。

2　把芥蓝段放入加有少许精盐和植物油的沸水锅内焯烫一下，捞出、过凉。

3　锅内加入植物油烧热，下入芥蓝段、鸡胗片、鱿鱼块炒匀，加入精盐、味精、鸡精、料酒炒至入味，用水淀粉勾芡，淋入香油，出锅装盘即可。

菜薹炒扇贝

难度 中级　时间 15分钟　口味 香辣味

材料

扇贝500克, 韭菜薹100克, 豆腐干、青椒条、红椒条各15克

精盐、白糖、酱油、米醋、辣椒酱、香油、豆豉、水淀粉、高汤、植物油各适量

做法

1 将扇贝开壳, 取扇贝肉, 择洗干净; 韭菜薹洗净, 切成小段; 豆腐干洗净, 切成小条。

2 净锅置火上, 加入植物油烧至七成热, 下入辣椒酱、豆豉、豆腐干炒出香辣味。

3 添入高汤, 加入精盐、白糖、酱油、米醋、水淀粉、香油烧沸, 放入扇贝肉、韭菜薹段、青椒条、红椒条炒至熟, 出锅装盘即可。

油爆鲜贝

难度 中级　时间 15分钟　口味 鲜咸味

材料

鲜贝肉300克，胡萝卜球50克，黄瓜球、草菇各30克，水发香菇15克

精盐、味精、料酒各1小匙，胡椒粉少许，水淀粉2小匙，淀粉、植物油各2大匙

做法

1　将胡萝卜球、黄瓜球、草菇、水发香菇洗净，放入沸水锅中焯烫一下，捞出、沥水。

2　鲜贝肉洗涤整理干净，沥净水分，粘匀淀粉，下入热油锅中冲炸一下，捞出、沥油。

3　锅内留少许底油烧热，下入鲜贝肉、胡萝卜球、黄瓜球、草菇、香菇炒匀，加入精盐、味精、料酒、胡椒粉炒至入味，用水淀粉勾芡，淋入香油即可。

图书在版编目（CIP）数据

冷菜　热炒 / 张奔腾编著. -- 长春：吉林科学技
术出版社，2018.9
ISBN 978-7-5578-4995-5

Ⅰ．①冷… Ⅱ．①张… Ⅲ．①菜谱 Ⅳ．
①TS972.12

中国版本图书馆CIP数据核字(2018)第170416号

冷菜　热炒
LENGCAI　RECHAO

编　著	张奔腾
出 版 人	李　梁
责任编辑	张恩来
封面设计	长春创意广告图文制作有限责任公司
制　版	长春创意广告图文制作有限责任公司
开　本	720 mm×1 000 mm　1/16
字　数	150千字
印　张	8
印　数	1-6 000册
版　次	2018年9月第1版
印　次	2018年9月第1次印刷
出　版	吉林科学技术出版社
发　行	吉林科学技术出版社
地　址	长春市人民大街4646号
邮　编	130021

发行部电话/传真　0431-85677817　85635177　85651759
　　　　　　　　　　85651628　85600611　85670016
储运部电话　0431-86059116
编辑部电话　0431-85610611
网　　址　www.jlstp.net
印　　刷　吉林省创美堂印刷有限公司
书　　号　ISBN 978-7-5578-4995-5
定　　价　28.80元
如有印装质量问题　可寄出版社调换